不可思议的动物真相系列

你不知道的

虫子真相

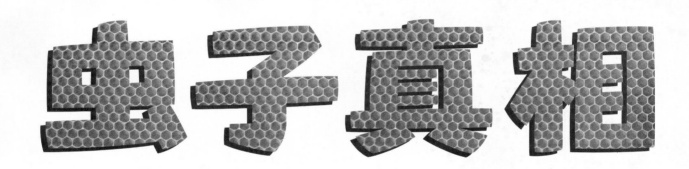

〔英〕尼克·克伦普顿　著

〔英〕加文·斯科特　绘

张纾意　译

深圳出版社

版权登记号　图字：19-2023-289 号

图书在版编目（CIP）数据

你不知道的虫子真相 /（英）尼克·克伦普顿著；
（英）加文·斯科特绘 ; 张纾意译 . -- 深圳 : 深圳出版
社 , 2024.6
（不可思议的动物真相系列）
ISBN 978-7-5507-3950-5

Ⅰ . ①你… Ⅱ . ①尼… ②加… ③张… Ⅲ . ①昆虫 –
少儿读物 Ⅳ . ① Q96–49

中国国家版本馆 CIP 数据核字 (2024) 第 000869 号

你不知道的虫子真相
NI BU ZHIDAO DE CHONGZI ZHENXIANG

出 品 人　聂雄前
责任编辑　邬丛阳　李新艳
责任技编　陈洁霞
责任校对　李　想
装帧设计　心呈文化

出版发行　深圳出版社
地　　址　深圳市彩田南路海天综合大厦（518033）
网　　址　www.htph.com.cn
订购电话　0755-83460239（邮购、团购）
设计制作　深圳市心呈文化设计有限公司
印　　刷　深圳市华信图文印务有限公司
开　　本　889mm×1194mm　1/8
印　　张　9
字　　数　75 千
版　　次　2024 年 6 月第 1 版
印　　次　2024 年 6 月第 1 次
定　　价　108.00 元

目 录

简 介

在自地球诞生至今的约46亿年中，每个时期都有特定类群的生物占据主导地位。

例如，泥盆纪（约4.19亿—3.59亿年前）是"鱼类时代"，
而中生代（约2.52亿—6600万年前）是"恐龙时代"。许多人会告诉你，
我们现在正生活在"哺乳动物时代"。而事实是，在过去的4亿年里，
地球一直被一类令人意想不到的生物占据主导地位，那就是**昆虫**！

让我们来看看一些数字……

地球上已经被发现并进行过描述的动物中，有三分之二的种类都是昆虫。

这意味着，如果有一份包含了全世界所有动物的物种名单，罗列着鲸、老虎、蜥蜴、鲨鱼、水母、鱿鱼、青蛙、鸟……我们从里面随机选择一种，平均每选三次就有两次会选到昆虫，例如蜜蜂、胡蜂、苍蝇或是蠼（qú）螋（sōu）！

4

当今地球上的昆虫数量是人口总数的2亿倍！昆虫生活在这个星球上的各个地方；淡水和海水中、空气里、土壤内……都有它们的身影。

事实上，尽管昆虫种类众多，数量也十分庞大，但它们也只是节肢动物中的一类。目前，人们估计地球上的节肢动物的数量大约为1000亿亿只，而我们的总人口仅有80亿。在所有已知并被命名的动物物种中，节肢动物占了80%。如果有一本随机排列的全世界所有动物物种的名录，随意地翻开一页查看，十次有八次看到的会是节肢动物的名字！在这本书中，你将会了解到这些有趣的节肢动物，包括但不限于螃蟹、蜜蜂、桡（ráo）足动物、蝇、虱子和蜈蚣……

节肢动物以及一些其他的无脊椎动物，例如蜗牛、蛞（kuò）蝓（yú）和一些蠕虫，我们在日常生活中常常习惯性地称它们为"虫子"。它们展示出了极高的物种多样性。这意味着即使你已经知道了一些关于这些"虫子"的有趣的真相，要了解它们的全部真相也是不太可能的，更不要说许多趣闻可能是完全错误的。

（甚至你以为你已经很了解这些"虫子"了，实际上你却毫不了解……）

好了，就让我们正式进入这本书，看看你对"虫子"的了解和它们的真相究竟有多少偏差吧！

所有的"虫子"都是昆虫

当我们想要去谈论蜜蜂、甲虫、蝴蝶这一类小动物时，寻找一个合适的词语去称呼它们似乎不是一件容易的事。例如，有些人会把这些小动物统称为昆虫，但事实上它们并不都是昆虫。还有许多人认为英文中的"insect"和"bug"都是"昆虫"的意思，事实上"bug"只是昆虫中的一部分。

许多人认为蜘蛛是昆虫，但事实上蜘蛛不属于昆虫家族。同样，蜗牛也不是昆虫，它与章鱼的亲缘关系甚至比它与这一页上的所有动物的亲缘关系都要近！你是不是感到很疑惑？没关系，就让我们一起来了解一下它们都是谁吧！

在这本书里（还有在户外时），你会见到很多不同种类的节肢动物。虽然"节肢动物"这个词对你来说可能会有些陌生，但其实你已经认识了它们。它们没有脊柱支撑身体，整个身体被坚硬的外壳覆盖（我们把这样的外壳称为"外骨骼"），还有由许多关节构成的腿和被分成一节一节的身体。这样的身体构造可以起到很好的保护作用，让它们身体内部的器官不被外面的环境侵害。

节肢动物主要有四种类型：昆虫、多足动物、蛛形动物以及甲壳动物。

昆虫是一类拥有6条腿的节肢动物，并且它们的身体都能被分为三个部分，分别是头部、胸部和腹部。甲虫、胡蜂、蝴蝶、飞蛾、苍蝇以及椿象*都是地球上十分常见的昆虫种类。

*英文中的"bug"指的是半翅目的椿象类昆虫，它们的嘴被称作"刺吸式口器"，用于吸取植物的汁液。常常有人分不清甲虫和椿象，这时候可以看看甲虫和椿象的嘴。

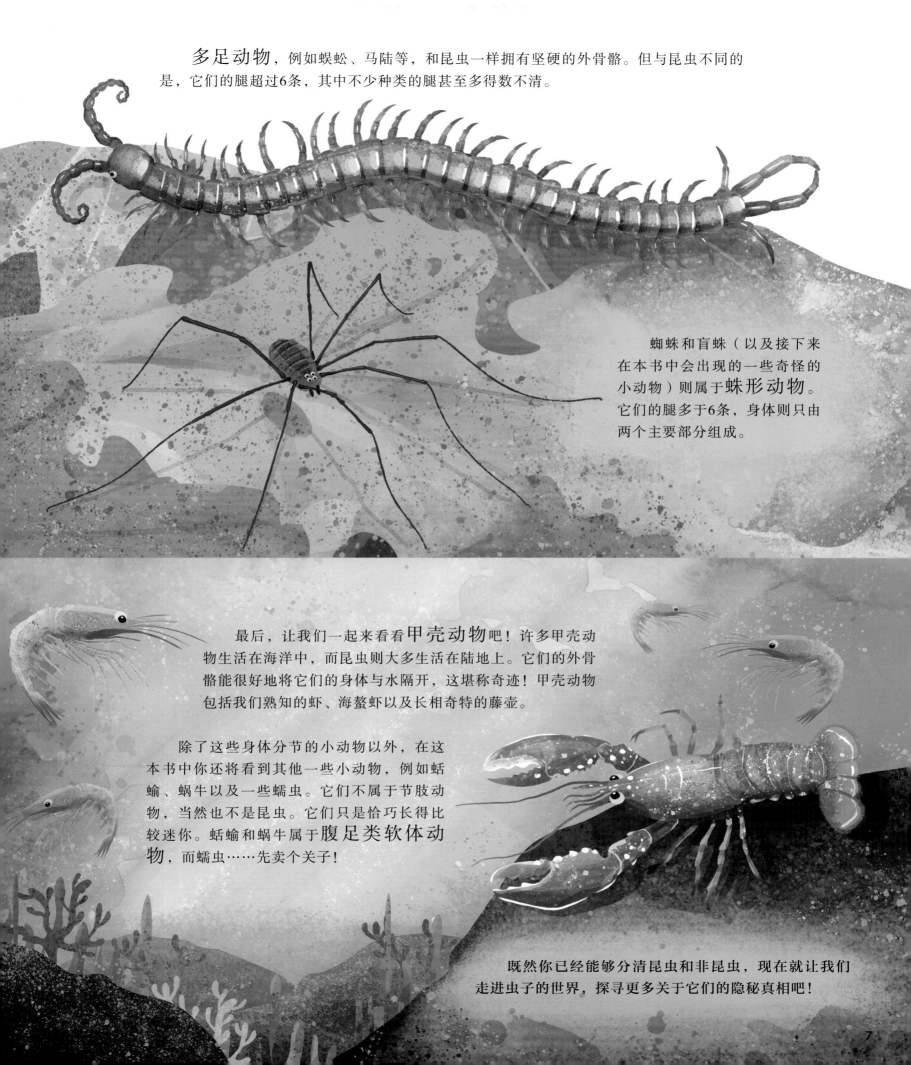

多足动物，例如蜈蚣、马陆等，和昆虫一样拥有坚硬的外骨骼。但与昆虫不同的是，它们的腿超过6条，其中不少种类的腿甚至多得数不清。

蜘蛛和盲蛛（以及接下来在本书中会出现的一些奇怪的小动物）则属于蛛形动物。它们的腿多于6条，身体则只由两个主要部分组成。

最后，让我们一起来看看甲壳动物吧！许多甲壳动物生活在海洋中，而昆虫则大多生活在陆地上。它们的外骨骼能很好地将它们的身体与水隔开，这堪称奇迹！甲壳动物包括我们熟知的虾、海螯虾以及长相奇特的藤壶。

除了这些身体分节的小动物以外，在这本书中你还将看到其他一些小动物，例如蛞蝓、蜗牛以及一些蠕虫。它们不属于节肢动物，当然也不是昆虫。它们只是恰巧长得比较迷你。蛞蝓和蜗牛属于腹足类软体动物，而蠕虫……先卖个关子！

既然你已经能够分清昆虫和非昆虫，现在就让我们走进虫子的世界，探寻更多关于它们的隐秘真相吧！

昆虫和恐龙一样古老

这是一个十分有趣的问题！我们目前所知道的最古老的恐龙出现在三叠纪，而在那个时候，恐龙就已经和这些嗡嗡作响、呼群结党、东奔西撞、大快朵颐的昆虫共享这个世界了。事实上，在恐龙出现之前，这个世界上就已经有了昆虫，昆虫甚至比恐龙古老得多。

目前已知的最古老的昆虫，比如**莱尼虫**，和今天我们看到的蜉蝣长相十分相似，是大约5亿年前由其他节肢动物演化而来的。这也意味着昆虫在地球上生活的时间是恐龙的2倍以上！在那个时候，昆虫生活的环境比今天温暖，地球上开始有了森林，而陆地上的第一批捕食者——小型的蛛形动物以及一些古老的蜈蚣，开始出现在陆地上。

莱尼虫

古马陆

巨脉蜻蜓

石炭纪

约3.59亿—2.99亿年前

昆虫的化石很难获得，昆虫起源早期的化石更是十分罕见。目前**石炭纪**的昆虫被研究得多一些。这个潮湿、温暖、绿色植物生长茂盛的时期是早期节肢动物的天堂。由于空气中的含氧量极高，这个时期的节肢动物的体形相比于今天也大得多。

在这个时候，陆地上生活着现生马陆的祖先——体形巨大的**古马陆**。它迈着小碎步四处游走，与蟑螂以及蝗虫的祖先共享着森林的土地。而最早的会飞的昆虫也在这个时期出现。蜻蜓的祖先**巨脉蜻蜓**翅展可达70厘米，和今天的红隼（sǔn）大小差不多。

有的昆虫在一些罕见的情况下被封印在了土壤中，经过时间的沉淀，就成了今天我们所看到的岩石化石。但是在昆虫研究中，有许多令人惊叹的昆虫化石并不以岩石的形式出现，而是被包裹在了琥珀之中。琥珀是松科、柏科等植物流出的树脂滴落后掩埋在地下，经过上千万年的压力和热力的作用，最终石化形成的一种树脂化石。因为琥珀外表美丽，也有许多人会将琥珀制作成珠宝佩戴。琥珀中的昆虫是在树脂滴落时意外被"卷入其中"的，因此琥珀中的昆虫常常保存得较为完整，我们也得以窥见那些古昆虫的全貌，甚至它们的一些生活瞬间。在已发现的琥珀中，科学家们观察到了被寄生的蚂蚁、被蜘蛛捕获的小蜂，甚至1亿年前身上还带着卵的椿象。

随着时间的推移，越来越多的古昆虫在琥珀中被发现，科学家们也得以不断了解这庞大而又古老的动物类群的悠久历史。

蛇蛉

缅甸访花花蚤

蓟马

椿象

甲虫

二叠纪

约2.99亿—2.52亿年前

中生代

约2.52亿—6600万年前

蛇蛉（líng）和**甲虫**在二叠纪出现。在那个时期，地球上的大陆碰撞在了一块，形成了超大陆——盘古大陆。

在二叠纪末期，灾难性的火山活动导致了大灭绝事件，但昆虫并没有受到太严重的影响。**胡蜂、椿象、大蚊**和**蓟**（jì）**马**在此时出现。与此同时，陆地上的恐龙正在开始广大它们的地盘。

从中生代初期开始，昆虫大家族不断繁盛，继续丰富其多样性。而至少在9900万年前，显花植物和昆虫之间相互作用的关系就已经出现。一些甲虫和蜜蜂的化石为此提供了证据，例如科学家在琥珀中发现了一只名为**缅甸访花花蚤**（zǎo）的甲虫，其身上有花粉的痕迹。

昆虫都不聪明

在很长一段时间里，人们都认为昆虫小小的脑袋限制了它们的智慧，因此它们也不可能像人一样聪明，和人做相似的事情，例如利用工具、识别他人的脸，或者通过学习和训练获得新的知识。但人们错了！

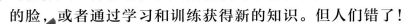

漏斗蚁

漏斗蚁可以将树叶、松果作为工具吸收水和花蜜，并把它们搬运到自己的巢穴中。这些工具起到的作用和我们平时使用的海绵相似。当人们给漏斗蚁提供像纸这样的人造材料时，它甚至更喜欢将纸作为工具，因为纸能够更快地吸收水分。

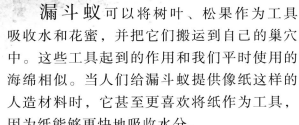

食虫虻

蜜蜂

熊蜂

蜜蜂可以识别不同的人脸！要知道，它的大脑大小仅仅是人类大脑的万分之一。胡蜂可以识别并记住上千张同类的脸，这样有利于它们生活在同一个巢中。

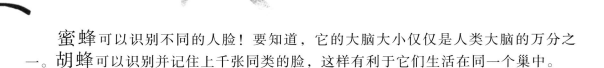

要预测还没有发生的事情对动物来说是一件困难的事情，但是有一些昆虫能做到。食虫虻（méng）可以预判猎物的飞行方向，这有利于它更好地捕食。有一些昆虫甚至能主动改变环境，创造未来。熊蜂会采集植物的花粉带回巢中作为哺育后代的食物，其中一些种类的熊蜂会轻轻啃咬植物的叶子，以此给植物发信号，让植物更快地开花产生花粉，从而更快获得食物。

想象你自己是一只虫子，要在广袤无垠的大地上找到回家的路可不是一件容易的事，但有一些昆虫可以做到。蜣螂（qiāng láng，俗称屎壳郎）可以将夜空中的银河作为巨大的路标来确定前进的方向。

蜣螂

另一些昆虫，例如袖蝶，生活在植被茂密的森林中。尽管地形复杂，它依旧能够在寻找食物和庇护所时，确定正确的路线并将其记住。还有一些沙漠中的蚂蚁，可以通过自己走过的步数来估算距离。

袖蝶

熊蜂

最让人们惊讶的是，昆虫不仅能学习技能，还能将学到的技能传授给同类。在整个动物界中，将知识传授给同类的行为都是十分少见的，但是科学家却在蚂蚁和熊蜂的身上发现了这样的行为。在外寻找食物的蚂蚁在找到食物后，会回到蚁穴中告诉更多的蚂蚁食物的地点以及行走路线。当科学家给熊蜂一朵有花蜜的假花，熊蜂在学会了如何吸取花蜜后，就会告诉其他的熊蜂怎么去吸取花蜜。

解决问题和传授知识是极其复杂的大脑活动，科学家们也一直认为只有少数大脑较大的生物——比如人类——能够完成这样的事情。但是，昆虫一次又一次地给了我们惊喜，告诉我们它们其实比我们想象的更加聪明。

蜜蜂蜇人后，它自己也会失去生命

错误！

蜜蜂（可看作素食的黄蜂）已经在地球上生活了超过1亿年。我们都知道，当它有意或无意蜇到人时，它自己也会不幸失去生命。

西方蜜蜂

蜜蜂的屁股后面长着一根小小的螫（shì）针，这根螫针的尖端有锯齿状的倒钩。这样的倒钩让蜜蜂可以将螫针牢牢刺进敌人的皮肤中，并注入毒液，但这也成为蜜蜂的枷锁。当蜜蜂试图飞走时，螫针无法拔出，蜜蜂只能将自己的身体从嵌入敌人皮肤的武器上拉扯下来。而不幸的是，这样的伤害对蜜蜂来说是致命的。

蜜蜂属蜜蜂

事实上，世界上有超过2万种蜜蜂，而只有**蜜蜂属**（*Apis*）蜜蜂中的工蜂长着锯齿状螫针。除了它们，其他的蜜蜂都不会因为在攻击敌人后试图飞走而扯掉身体的一部分。

即使是蜜蜂属蜜蜂，例如**西方蜜蜂**，在攻击其他昆虫后也可以保全自己的螫针。只是哺乳动物的皮肤跟那些较小的敌人相比实在是过于粗糙，西方蜜蜂没有办法轻易脱身。

← 6 厘米 →

2 毫米

小灵地蜂

华莱士巨蜂

提起蜜蜂来，许多人只能想到西方蜜蜂。然而，从体长只有2毫米的**小灵地蜂**到巨大的**华莱士巨蜂**，世界上蜜蜂的多样性远超过我们的想象。

有些蜜蜂，例如南美洲的新热带无刺蜂以及澳大利亚的糖包无刺蜂，它们的身体后部就没有螫针。还有一些蜜蜂，例如秃鹫（jiù）无刺蜂，它的食性与蛆（qū）虫更相似，以腐败的动物尸体为食，而不像大多数蜜蜂那样以花粉和花蜜为食。

兰花蜂

新热带无刺蜂

还有许多蜜蜂，例如兰花蜂，它的身体不像我们平时常见到的蜜蜂那样黄黑相间，此外它也不是群居的物种，没有蜂王的存在。

蓝胸木蜂

壁蜂

秃鹫无刺蜂

黄褐地蜂

我们印象中的蜜蜂，几乎都是一大群一大群生活在巢穴里的。但在自然界中，90%以上的蜜蜂是独居或是以小团体的形式生活的。黄褐地蜂会修建地下甬（yǒng）道并生活在里面；蓝胸木蜂会在枯木中咬出一个个的洞，作为自己的房子；而许多壁蜂，可能会在地蜂和木蜂放弃它们的老巢后，直接搬进去将其作为自己的住处。

穿着黄黑相间的"衣服"、制造甜甜的蜂蜜、在蜇了人之后自己也会失去生命……这些描述都是我们对蜜蜂的固有印象。但现在我们知道，蜜蜂实际上是一个十分庞大的类群，仅仅用几个词语去描述，是不够全面的。

13

蜈蚣有100条腿

在许多语言中，蜈蚣的名字都和它具有非常多的腿这一特征有着千丝万缕的联系。在西班牙语中，蜈蚣写作"ciempiés"，其字面意思是"100条腿"；在南非语、德语中，蜈蚣的名字也可以直译为"100条腿"。那么，蜈蚣的腿真的有100条吗？

这个问题的答案是：不同蜈蚣的腿的数量不尽相同！但有一件事情是确定的——这个世界上不存在正好长着100条腿的蜈蚣。

之所以不可能有100条腿的蜈蚣，是因为蜈蚣的腿的对数一定是奇数。如果一条"蜈蚣"的腿有100条，那就是50对，这样的"蜈蚣"就不能被称为蜈蚣了。若腿的数量是49对或51对，那才有可能是一条蜈蚣。

目前已知的蜈蚣种类约有3000种，比如常见的**欧洲褐蜈蚣**和**佛罗里达蓝蜈蚣**。它们除了腿的数量多以外，还有一些共同的特征。

所有的蜈蚣都是移动速度很快的捕食者。相较于大多数节肢动物，它们有着较为柔软的身体，并使用颚肢（那是一对具有毒性的足，长在头部附近，形似爪子）进行捕食。

欧洲褐蜈蚣

佛罗里达蓝蜈蚣

南欧革地蜈蚣

目前发现的腿最多的蜈蚣是一种名为**南欧革地蜈蚣**的地蜈蚣，它的腿超过342条！

说完了蜈蚣，我们再来看看马陆吧！你可能已经猜到了，在约12000种已知的马陆中，同样也不存在正好长着1000条腿的马陆。

马陆，例如**美国巨型马陆**，是一种身体坚硬、行动缓慢的植食性动物。它身体的每一节都长着4条腿。马陆中的许多种类通过向潜在的捕食者释放有毒的化学物质来保护自己，例如**黄斑马陆**会产生氰（qíng）化物。

大多数马陆有大约300条腿，但有一种马陆长着1000多条腿！2020年，人们在地下60米的地方发现了这种马陆，并取名为**波瑟芬妮千足马陆**。尽管体长只有约10厘米，它的腿竟然多达1306条，这也是世界上腿最多的动物！

美国巨型马陆

一种多达750条腿的马陆

还有一些马陆并没有长着这么多腿，例如长得像潮虫一样的**球马陆**，身材短小，腿也只有17～19对。

黄斑马陆

球马陆

动物们的名字有时候十分具有迷惑性。蜈蚣的英文名"centipede"中的"cent"就是100的意思（英文"a century"代表着100年；"a centimeter"代表着一米的百分之一），而马陆的英文名"millipede"中的"mill"在拉丁语和法语中是1000的意思。如果你想要用更准确的词语去称呼这些动物，不妨试着使用它们的学名。不再用"centipede"去称呼蜈蚣，而是使用"Chilopoda"——这个词语翻译成中文为"唇足纲"，是用来描述蜈蚣的最准确的名字。"唇足"也就是它那具有代表性的颚肢。至于马陆，它也有着自己的学名，即"Diplopoda"。这个词语翻译成中文是"倍足纲"，"倍足"取自其身体的每一节都有两对足这一特征。

所有的蚊蝇都长得一样

所有的蚊蝇都长了一个易于活动的脑袋、一双便于观察的大大的复眼，以及一对退化了的后翅——它们的后翅退化成了平衡棒，这样的特点也让它们的飞行姿势常常看起来莽莽撞撞的。但是抛开这些共同的特点，被统称为蚊蝇的这些虫子其实有着令人惊奇的多样性，它们不全是小小的、圆圆的、十分烦人的。

一提到蚊子，我们就会想到它爱吸血。但事实上，只有雌性的蚊子会吸血，而且只是在特定的时期吸血。想要吸食动物的血液时，它会将锋利的针状口器刺入"受害者"的皮肤之内。

蛾蠓（měng）长着一对长触角，浑身毛茸茸的，是卫生间的常客。

蛾蠓

食虫虻

食虫虻是凶猛的捕食者，在飞行途中捕捉猎物。

牛虻

牛虻是一类在泥土和水中长大的吸血昆虫。尽管它们被统称为"牛虻"，但不同种类的牛虻以不同的猎物为食。复带虻就是牛虻中的一种，它还有一个别称是河马虻。

蜂虻

蜂虻不仅长得和蜜蜂十分相近，还有着和蜜蜂极其相似的习性，这两类动物都以花粉和花蜜为食。

先父指角蝇是指角蝇中的一种，这类昆虫长得十分苗条，以腐烂的蔬菜等植物为食。

指角蝇

拟食虫虻

拟食虫虻，例如英雄拟食虫虻，是世界上体形最大的双翅目昆虫类群，其体长甚至能达7厘米。

食蚜蝇有着高超的飞行技巧。放眼整个动物界，它都是绝佳的飞行员。

食蚜蝇

蚤蝇是世界上最小的动物之一，其中的娜娜蚤蝇体长还不到0.5毫米！

蚤蝇

虱蝇属于蝇类，它的翅膀完全退化，因为在外形和行为上看起来很像虱子而得名。

虱蝇

尸蝇生活在中美洲热带地区，长着极其漂亮的翅膀。

尸蝇

沼蝇有着长长的腿，通常生活在池塘和河流附近。

沼蝇

甲蝇是一类神秘的昆虫，外形几乎为球状，翅膀隐藏在外壳之下。关于这类特别的小动物，生物学家还有许多谜团需要弄清。

甲蝇

突眼蝇外形奇特，眼睛长在两根长长的眼柄的顶端。事实上，当它刚刚羽化为成虫时，头部的形状还没有这么怪异。它的眼柄是被自己深吸一口气，硬生生"吹"到这么长的。

突眼蝇

　　在谈起双翅目昆虫时，大多数人只能想到丽蝇、家蝇。如果对昆虫了解得稍多一些，可能还会知道食蚜蝇。事实上，目前已知的蚊蝇已经超过了13万种，更不要说那些没有被发现的未知种类。昆虫的世界实在是过于丰富，这也导致我们很难简单地用几个词语就对"蝇""蜂"或是"甲虫"进行精准的概括。想象中的昆虫，很可能真实存在于这个世界上！

昆虫都很丑陋

在许多人的心目中，昆虫并不美丽。而事实上，昆虫多样的外形并不是为了迎合人类的审美。许多昆虫奇特的外形是为了躲避天敌或吸引同一物种的异性进行交配。

尽管昆虫并不是为了迎合人类的审美而长成它们的模样，还是有不少昆虫在人类的眼里十分美丽……

绿色齿脊蝗

绿色齿脊蝗是非洲的一种大型蝗虫，有着红蓝相间的后翅。

龙眼鸡

来自东南亚的**龙眼鸡**长着长长的脸，它实际上是一种蜡蝉，靠吸食树汁填饱肚子。

毕加索蛾

象形文夜蛾有时也被称为**毕加索蛾**，这一名字的灵感来源于著名画家巴勃罗·毕加索，它的翅膀上的图案和这位西班牙大画家的作品风格相似。

蓝绿彩虹象鼻虫

蓝绿彩虹象鼻虫生活在新几内亚的森林里。

熊猫蚁蜂

熊猫蚁蜂来自智利，是没有翅膀的蜂类昆虫。

毛刷吉丁虫

毛刷吉丁虫天蓝色的坚硬鞘翅上还点缀着橙色的"毛发"。

奇花金龟

奇花金龟和蜣螂是亲戚，但它长得又大又十分美丽。

香蕉蟑螂

香蕉蟑螂生活在秘鲁的亚马孙森林中，是一种极其漂亮的蟑螂。

红尾青蜂

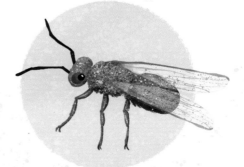

红尾青蜂是一种独居蜂，能蜷缩成一个小球，以此来保护自己。

蠊泥蜂

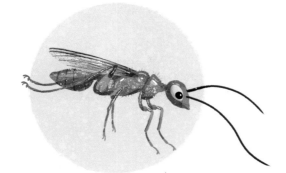

蠊（lián）泥蜂外形十分靓丽，但在捕捉猎物时十分残暴。蠊泥蜂通过将毒液注入被捕食者的脑中，将其变成由它控制的"行尸走肉"。

宝石丽金龟

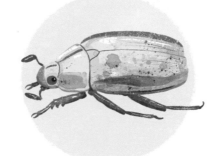

当光打在宝石丽金龟的身上时，反射回来的光映衬得宝石丽金龟仿佛由纯金打造而成。

帝王虹灰蝶

来自哥伦比亚的帝王虹灰蝶有着令人惊叹的美貌。

兰花螳螂

兰花螳螂通过将自己伪装成一朵兰花，骗过来吸食花蜜的猎物的眼睛，在它们毫无准备的情况下将其一举拿下。

月神尾天蚕蛾

月神尾天蚕蛾的翅膀上有两条长长的"尾巴"，用来干扰捕食它的蝙蝠的"声呐"，有助于它在飞行的过程中逃脱。

妖艳大叶蝉

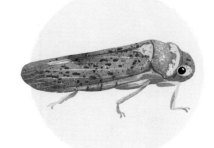

妖艳大叶蝉来自北美，是色彩极其鲜艳的"神射手"。吸食树汁后，妖艳大叶蝉会将自己未消化的东西从臀部喷射出来。

沐雾鳖甲

沐雾鳖甲的身体有很大一片地方看起来都呈亮白色，但事实上这是反光造成的，并不是它真实的颜色。

玫瑰枫天蚕蛾

玫瑰枫天蚕蛾生活在北美地区，它一生的大多数时间都在枫树周围度过。

丝光绿蝇

我们常见的丝光绿蝇以食腐出名，但它的红眼睛以及闪亮的蓝绿色外骨骼同样十分引人注目。

看到这些非同寻常的昆虫，我们就更容易理解为什么一些昆虫在数千年来被人们认为是美丽的。所以，等你下次有机会看到一只蜜蜂或是一只蜻蜓时，不妨凑近一些，更仔细地观察它们，或许你也能从中发现昆虫的魅力。

蜜蜂是世界上最重要的传粉昆虫

错误！

传粉是指开花植物雄蕊上的花粉通过各种方式转移到雌蕊上的过程。经过这样一个过程，植物才能长出种子，之后新的植物才得以生长。但这一过程在很多情况下不能靠植物自己完成，还需要一些其他的"帮手"。陆地上大约80%的植物都依靠昆虫在不同的植物间飞来飞去来完成传粉的过程，从而得以延续生命。

蜜蜂是我们非常熟悉的传粉昆虫，也是非常重要的传粉昆虫。在蜜蜂四处寻找花蜜的过程中，植物的花粉会沾在蜜蜂毛茸茸的身子上，以这样的方式被蜜蜂带到其他植物的雌蕊上。然而，除了蜜蜂以外，一些单独行动的壁蜂，例如**蓝果园壁蜂**，也是十分优秀的传粉者。

相比于蜜蜂，壁蜂在较低的温度下更活跃，因此可以在一年中更早的时候为植物进行传粉。此外，平均每只壁蜂的访花数量要比每只蜜蜂的访花数量更多。在访花过程中，壁蜂时常全身都沾满花粉，并在飞过花朵时不知不觉地将花粉抖落在花朵上面。

蓝果园壁蜂

芫菁

在3500万年前，蜜蜂就已经出现了。而在中生代的某个时间点，其他一些昆虫早已开始为开花植物传粉，甚至在那之前，它们也为不开花的植物传粉——直到今天，这种情况仍然存在。

拟天牛

飞蛾会在夜间帮助那些很少被其他传粉昆虫造访的植物传粉，这些植物的花粉通常落在飞蛾背部的毛上和翅膀上。

小蜂类也是传粉昆虫，许多小蜂类昆虫传粉的对象极其专一（我们将这种传粉者称为专性传粉者）。例如**榕小蜂**与无花果就是互利共生的关系。我们平时看到的无花果其实并不是果实，而是由花组成的花序，被称为隐头花序。榕小蜂会飞到无花果的内部产卵，在产卵的过程中也给无花果进行了传粉。雄性榕小蜂一生都生活在无花果内，而雌性榕小蜂会带着满身的花粉继续寻找其他的无花果产卵。

食蚜蝇承担了自然界中许多的传粉任务。**蚊子**也是如此，能给兰花传粉。还有一些苍蝇会给一些不那么受传粉者喜爱的植物传粉。印度尼西亚的大王花会散发出腐肉的臭味，这个味道会吸引**丽蝇**为它传粉。

许多甲虫也是开花植物的好伙伴，例如**芫（yuán）菁、天牛、拟天牛**等。它们在花朵之间穿梭时，也帮花朵们转移了花粉。

蜜蜂并不是唯一帮助植物传粉的昆虫。在大自然中，植物和动物之间的关系网极其复杂，而人类往往会忽略其中的许多关联。重要的是，我们应该尽力去保护更多的动物和植物，因为我们对它们的了解还十分有限，很难知道它们对于其他物种的生存究竟扮演着何种重要角色。

食蚜蝇

榕小蜂

天牛

我们已经知道世界上有多少种昆虫

错误！

还记得在这本书的最前面，我们提到一些与昆虫有关的令人惊叹的数字吗？昆虫的种类占所有已知动物物种的三分之二，而昆虫的数量是世界总人口的2亿倍……这些数字的确会给人留下深刻的印象，但是当我们认真讨论"这个世界上到底有多少种昆虫"这个话题时，所有的答案都是不准确的。等等！先不要急着合上这本书！你仍然可以相信这本书，因为之前我们所提到的数字并不是凭空编造的，而是科学家估算出来的。

想要知道世界上到底有多少种昆虫和其他虫子是一件极其困难的事情，因为世界上各个地方都有它们的身影，而人们永远没有办法踏遍每一寸土地去找到每一种虫子。

即使想要把一片森林里的昆虫种数数清楚，也是一项不可能的任务。为了解决这样的问题，昆虫学家们会在一大片需要研究的区域中，选取一些小的区域来进行样品的收集。这样的小区域可以是一小块地，也可以是一棵树。有些昆虫学家为了对一棵树上的所有昆虫进行采集或计数，会使用烟雾熏树上的虫子，或者摇晃、敲击这棵树，让虫子掉下来。通过这样的方式，他们可以知道这棵树上的虫子的种数。昆虫学家们可能会重复这样的事情很多次，并记录下数据，之后再通过复杂的数学运算，估算出一整片森林中的昆虫种数。

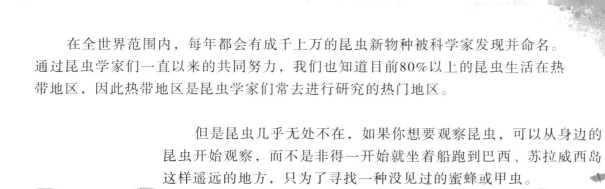

在全世界范围内，每年都会有成千上万的昆虫新物种被科学家发现并命名。通过昆虫学家们一直以来的共同努力，我们也知道目前80%以上的昆虫生活在热带地区，因此热带地区是昆虫学家们常去进行研究的热门地区。

但是昆虫几乎无处不在，如果你想要观察昆虫，可以从身边的昆虫开始观察，而不是非得一开始就坐着船跑到巴西、苏拉威西岛这样遥远的地方，只为了寻找一种没见过的蜜蜂或甲虫。

2019年，科学家们在纽约布鲁克林的一座墓地里发现了一种新的吉丁虫。尽管这种虫子的外形并不是非常奇特，但仍然让意外发现它的科学家们惊喜万分。

在美国西部，来自洛杉矶的科学家们在城市周围设置了许多昆虫陷阱，他们十分确信能从这些陷阱中找到新的昆虫物种，结果证明这个想法是对的！仅异蚤蝇属这一个属，他们就发现了多达30个新种。在2020年新冠病毒感染疫情暴发时，他们闲在家里，有大把的时间在家的周围设置陷阱并鉴定标本，这甚至让他们找到了更多的新物种。

虫子真相

每一个被发现的新物种，发现它的科学家都需要为它取一个名字，而这个名字常常来源于命名人的家人、朋友、同事或偶像的名字。

科学家认为现在已知的昆虫种类可能只有不到实际昆虫种类的一半，这意味着至少还有数百万种的昆虫正等着我们去发现和命名！只要用心去寻找，说不定哪天你也能在家旁边的公园、家里的厨房，甚至你的床上，找到从未被发现的新物种呢！

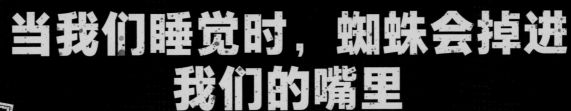

当我们睡觉时，蜘蛛会掉进我们的嘴里

错误！

要找到这个说法的最初来源似乎不太容易，但它绝对是大错特错的。

对于蜘蛛来说，它没有任何需要靠近我们的床的理由。蜘蛛的大部分时间，都待在蜘蛛网上耐心等待撞上来的猎物，因此它常常出现在卧室的角落、窗户旁边等地方。这些地方也是苍蝇、蛾子和蚊子等飞虫常常出没的地方。

而靠近人类的嘴巴附近，会让蜘蛛觉得很不舒服，这和它感受外界环境的方式有关。

帮助蜘蛛感受环境的最重要的器官是它腿上的感觉毛——类似于猫或狗脸部两侧的胡须，用于感受附近空气的振动。

当蜘蛛靠近人的嘴巴时，相当于每分钟都要感受20多次空气的进进出出，而我们睡觉的时候可能还会有呼噜声、鼻息声以及打嗝声……这实在是蜘蛛的"地狱"了。

虽然我们并不会在睡着的时候误食蜘蛛，但是许多小型的节肢动物是很多人喜爱的食物……

人类以昆虫为食物可以追溯到上千年前，全世界有大约四分之一的人会把昆虫作为饮食的一部分。这样的饮食习惯在欧洲和北美地区比较少见。

在东南亚的许多国家，人们会将**拟步甲**的蛹加入许多菜肴当中，它的味道类似于咸味的开胃小吃。而哥伦比亚人会烹饪一种胖胖的**切叶蚁**，将其做成类似于咸味爆米花的食物。在墨西哥，人们还会将**蝗虫**做熟并碾碎，放到卷饼中增加风味。

将养殖的昆虫作为人类蛋白质的主要来源是当今环保的新议题。和传统的动物养殖相比，昆虫养殖不需要太多的空间和饮用水。昆虫也不像牛一样会排放许多二氧化碳，加剧全球气候变暖。最让人惊喜的是，同等蛋白质和钙含量的蟋蟀汉堡和牛肉汉堡相比，蟋蟀汉堡的脂肪含量远远少于牛肉汉堡。

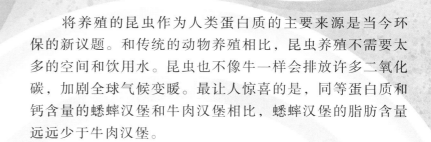

看到这里，相信你已经不再担心在睡觉时会不小心吃到蜘蛛了，但是在醒着的时候，我们也不妨尝试吃一些小昆虫作为食物！关于蜘蛛的谣言告诉我们，不能全部相信网络上的信息，甚至有时候也不能太相信大人们说的某些话（特别是当这个大人害怕蜘蛛时！）。

25

所有的甲虫都是肉食性动物

错误！

我们常常能在花园中发现**瓢虫**、**步行虫**等甲虫的身影，它们都是肉食性动物，以花园里的蚜虫等害虫为食，是园丁们的好帮手。此外，在水里生活的**龙虱**也是肉食性昆虫。

和其他甲虫一样，这些甲虫的嘴可以咬住并咀嚼食物，被称为咀嚼式口器。在全世界范围内，甲虫的多样性非常高。在世界上已知的动物种类中，有约三分之一是甲虫。

当然，并不是所有的甲虫都以害虫为食，甚至仅仅在瓢虫这一类群中，就有不同的食性，比如**墨西哥豆瓢虫**就是纯植食性昆虫。

事实上，在已知的380000种甲虫中，大多数种类的成虫都是植食性的。

椰蛀犀金龟

蓝半球龟甲

椰蛀犀金龟之类的甲虫，由于食量太大，不少农民都将其视为啃食椰子树的害虫。

全世界范围内大约有40000种叶甲——它们全都是植食性昆虫。例如，**蓝半球龟甲**的足可以分泌黏液，这帮助它在啃食植物的茎时能更稳地抱住茎；**蛙腿叶甲**长着发达的后足，可以帮助它在进食时稳稳地抱握住植株。

蛙腿叶甲

有的甲虫虽然同为素食主义者，但是在食性上也会有些许不同。

有一些吉丁虫，例如栎（lì）双点吉丁虫，会在树上钻来钻去，而其幼虫以活着的树的枝干为食。这样的食性和生活方式会给许多树木带来大麻烦。

窃蠹

栎双点吉丁虫

还有一些昆虫，例如窃蠹（dù）的幼虫，也被称为木蛀虫，喜欢啃食家里的木制家具，比如木制餐桌或木制椅子等，被啃食后的家具会变得不再坚固。

瓢虫

在甲虫这个类群中，象鼻虫是家族最为壮大的一类植食性甲虫。象鼻虫的种类是全世界哺乳动物种类总和的10倍，而其中的绝大多数都以植物为食。

长颈鹿卷叶象甲

许多象鼻虫的口器特化为长条状，特别像大象长长的鼻子，并因此而得名，例如栗实象鼻虫。

栗实象鼻虫

还有一些象鼻虫并没有延伸的口器，但是长了长长的"脖子"，例如马达加斯加的长颈鹿卷叶象甲。

对于食物的选择，许多动物都十分挑剔。而越是这样挑剔，越会造成食性的特化，即一种生物仅以一种或几种食物为食，最终就产生了极高的生物多样性。以植食性的甲虫为例，世界上有如此多样的可口植物可供食用，而如果没有这种让人震撼的生物多样性，就没有今天这么多爬在植物上寻找美食的甲虫种类。

蛞蝓和蜗牛都只吃莴苣

腹足类动物是一类足长在腹部的无脊椎动物的总称，包括蛞蝓和蜗牛等。它们在生活中十分常见，也是有名的园艺植物有害生物，常常让园丁们头痛不已。有的蛞蝓和蜗牛以植物为食，它们会用能切片的口器（被称为齿舌）慢慢刮擦食物来进食。但还有不少腹足类动物是肉食性动物，它们利用齿舌将猎物切成薄片食用。

凹壳单孔蜗牛

加拿大的凹壳单孔蜗牛会通过其他蜗牛爬行时留下的黏液对其进行跟踪，例如一些壳还比较软的蛇盘蜗牛幼体。在捕捉到猎物后，凹壳单孔蜗牛会将其翻个"四脚朝天"，然后用锋利的齿舌慢慢享用。

新西兰本土的琥珀蜗牛以其他小型无脊椎动物为食，例如蛞蝓。

食肉璃蜗牛

琥珀蜗牛

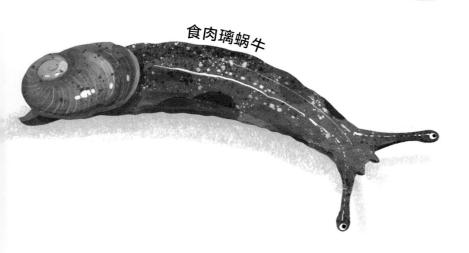

有些肉食性的腹足类动物有着令人感到迷惑的外形，例如长着壳的蛞蝓，或是壳极小的蜗牛。食肉璃蜗牛的身上就长着小小的壳，甚至不足以供它躲藏。食虫蛞蝓身体的末端也长着小小的壳。

食虫蛞蝓

幽灵蛞蝓

科学家于2008年在英国威尔士发现了一种蛞蝓，并将其取名为幽灵蛞蝓。这种蛞蝓全身白色，没有眼睛。它几乎一辈子都生活在地下，在夜里捕食蚯蚓。

双色胡氏螺是一种原产于亚洲或非洲南部的体形细小的肉食性蜗牛。因为人类的活动，它通过轮船或飞机"偷渡"，在世界各地生存（捕食）。

为了消灭当地的害虫，人们会刻意从其他地方引进合适的肉食性蜗牛，但有时候这样的决定会造成灾难性的后果。美国夏威夷州曾经引入一种来自佛罗里达州的**玫瑰蜗牛**，希望可以通过它来消灭当地对粮食造成重大威胁的非洲巨型蜗牛，但最终玫瑰蜗牛将许多其他蜗牛吃到近乎灭绝，而非洲巨型蜗牛还依然活跃。

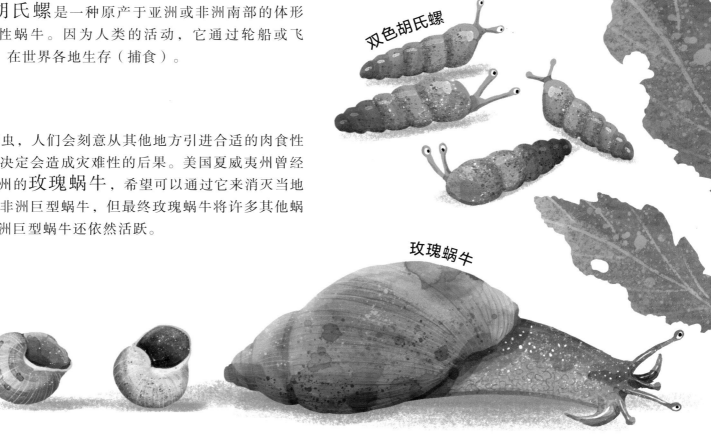

双色胡氏螺

玫瑰蜗牛

裸鳃亚目的动物（也称"海蛞蝓""海兔"）是腹足类动物中最大的类群，多达3000种。科学家认为所有的海蛞蝓可能都是肉食性动物。**大西洋海神海蛞蝓**（又称"蓝龙"）以漂浮在海洋中的有毒水母为食；**西班牙披肩海蛞蝓**以海葵为食；而**偏爱海蛞蝓**以其他海蛞蝓为食！

水母

大西洋海神海蛞蝓

西班牙披肩海蛞蝓

偏爱海蛞蝓

大多数蛞蝓和蜗牛都十分爱吃莴苣，但世界上也存在着吃肉的蛞蝓和蜗牛，它们中有的会捕食蚯蚓，有的甚至使一些物种面临着灭绝的威胁……这告诉我们，哪怕是生活中最常见的动物，仍有许多我们不知道的惊奇真相等着被发现。

所有的昆虫都很小

坦白地说，有不少昆虫甚至比我们想象的还要小，小到你捧起一把土，可能就有好几千只藏在其中。

这种名为奇奇基的缨小蜂（胡蜂的近亲）就小到几乎需要显微镜才能看清——甚至比一些生物的一个细胞还要小。由于奇奇基太小，空气对它而言更像是一种液体，而它脆弱的翅膀起着类似于船桨的作用。

奇奇基
← 0.15 毫米 →

看过了极小的昆虫，让我们来看看另一个极端。在热带地区生活着许多极大的昆虫。分布在中国的大佛竹节虫是目前已知最长的昆虫，其中有一种体长可达64厘米，比一只正常体形的猫还长！

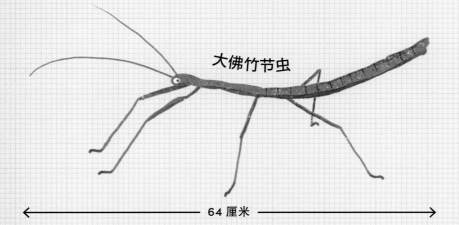

大佛竹节虫

← 64 厘米 →

猫

← 56 厘米 →

橙斑翅巨蝗
← 24 厘米 →

麻雀
← 21 厘米 →

提到翅展，就不得不说橙斑翅巨蝗。橙斑翅巨蝗体形巨大，生活在中美洲和南美洲的森林里，其翅展甚至比麻雀和蓝山雀的翅展还长。

分布在非洲热带地区的大王花金龟是世界上最重的昆虫之一。它的成虫重达60克，而幼虫甚至重达100克！同样，分布在新西兰的矮矮胖胖的巨型沙螽（zhōng）也可以达到这样的体重。这些昆虫甚至比有些蟾蜍还要重。

蟾蜍

大王花金龟

40 克

60 克

还有一些昆虫，以超出我们想象的方式让自己变大变强。

和许多巨型的昆虫不同，一些社会性昆虫，例如蚂蚁和白蚁，以一个巨大的群体为单位生活在一起。在一个穴中，不同的个体从事着不同的工作，有的负责清理、喂养等工作，有的负责穴门口的守卫工作，有的专门负责产卵，还有的负责到外面寻找食物。就像我们的一只手、一只眼睛不能独立地存在一样，它们中没有任何一个个体可以脱离群体独自生活。科学家认为，这些采用大量个体共同生活的生存策略的昆虫，实际上可以被视作一个更大的个体，即"超个体"。

尽管白蚁的一个蚁群就有成千上万的个体，看起来十分庞大，但当今世界上最大的超个体是**切叶蚁**蚁群。在美国的热带地区，这些切叶蚁的一个蚁群就能包含上百万只个体，整个穴的占地面积超过500平方米。

切叶蚁

尽管今天的地球上还没有一种昆虫能够长到中等体形鸟类的大小，但有些昆虫已经演化出了令人惊叹的生存法则，那就是以超个体的形式生活在一起。

所有的"蠕虫"都是真正的蠕虫

有许多虫子长得像蚯蚓，运动的方式也是在地上蠕动，因此我们经常
会将它们统称为蠕虫，但事实上它们是完全不同的生物。
接下来就让我们一起来看看吧！

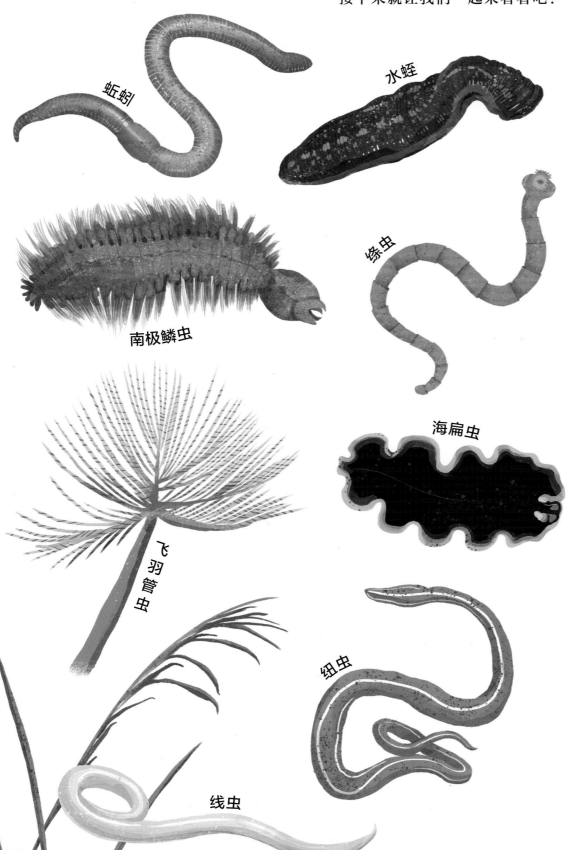

蚯蚓

水蛭

南极鳞虫

绦虫

海扁虫

飞羽管虫

纽虫

线虫

蚯蚓属于环节动物门。环节动物门是一个大家族，有约19000种生物，其中包括会吸血的水蛭（zhì）以及生活在海中的加勒比火刺虫。大多数环节动物生活在海洋里，例如生活在深海中的巨大的南极鳞虫，还有美丽的飞羽管虫——它用毛茸茸的"小扇子"来捕食。

吸虫、绦（tāo）虫和扁形虫从外形上看也和蠕虫相似，但实际上它们属于扁形动物门，因为它们不像环节动物那样有着分节的身子。吸虫和绦虫都是寄生性的，它们生活在其他动物的身体里面，吸取寄主的营养。而许多扁形虫在潮湿的地区生活和自由活动，例如著名的海扁虫。

纽虫通常生活在海底的洞穴里。为了捕获猎物，一些纽虫会从头部喷射出有毒的白色黏网，有点儿像伸出一只沾满毒液的手套。

线虫是"蠕虫"中最大的类群。线虫包含了数以百万计的物种，它们分布在世界的各个地方，有的在土里，有的寄生在昆虫身体里，有的在海底，还有的出现在城市的建筑中……线虫在我们生活的世界里发挥了极其重要的作用。作为重要的分解者，线虫以落叶和动物的尸体等为食。如果没有它们，我们的世界将无法正常运转。

在动物界中，拥有能够蠕动的细长身体有许多优势。首先，又细又长的身体能够让动物们轻易地钻进狭窄的缝隙中，这有利于它们躲藏和觅食。其次，拥有一个管状的身体有利于适应各种不同的生活环境。在我们常常提到的"蠕虫"中，还有一些更小的类群同样也不是蠕虫……

在海里生活着一类像蠕虫的透明动物——箭虫。它头上长着看起来十分可怕的锋利的牙齿，当需要捕食猎物时，它的牙齿就从头上的"罩子"里伸出来。

箭虫

栉（zhì）蚕也被称为天鹅绒虫，长着短小的足，外形和毛毛虫相似，但事实上它每只脚的末端都有一个小小的爪子。栉蚕生活在陆地上，靠喷射黏液捕食猎物。

栉蚕

铁线虫的一生都在节肢动物的体内度过。它的身体极长极细（这一类动物也因此而得名）。

帚虫是一类十分美丽的生物，在海底以过滤的方式取食。它长长的身体完全埋进海床中，只留下顶部的触手冠伸在外面。触手上的纤毛随着水流摆动，有助于让食物进入帚虫的口中，这样的捕食方式和飞羽管虫类似。

铁线虫

橡子虫

帚虫

最后要介绍的是橡子虫。尽管橡子虫的外形和这一页中的其他生物相似，都有着长长的身体，但其实相比于这本书中介绍的其他动物，橡子虫与青蛙、鸟类以及人类的亲缘关系更近。

记住了吗？下一次你再看到像"蠕虫"一样的生物时（尤其是在海边的时候），它很可能并不是真正的蠕虫！

昆虫都很安静

当被问到"什么动物能发出很大的声音"这样的问题时，你的脑海中首先浮现的可能是吼叫的狮子、叽叽喳喳的麻雀等。如果你是一个知道许多动物的人，还可能会想到会唱歌的座头鲸……而昆虫并不是一个常见的回答。

大多数昆虫通过它们的眼睛去观察周围生物的动作或是通过嗅觉来追踪猎物，对于这些昆虫来说，它们不需要听力来辅助。但也有些昆虫的世界里充满嘈杂的声音。

和许多能够制造响亮鸣叫声的昆虫一样，蝗虫和划蝽通过摩擦身体凹凸不平的部分来发声，有点儿像我们用指甲划过梳子的梳齿，这样的行为被称作摩擦发声行为。还有一些昆虫，例如一些蟋蟀，身体里有中空的部分，类似于吉他内部的空腔，这样能让它们发出的声音更加响亮。斐济巨薄翅天牛还能利用压力将空气从身体中排出，从而发出嘶嘶的声音。

蝗虫

划蝽

斐济巨薄翅天牛

通常来说，体形越小的昆虫，越难发出巨大的声音，红毛窃蠹却是例外。这种昆虫是一种小型的甲虫，生活在木头中。它会用头去敲击朽木，从而发出巨大的声音，这样的声音比它自身能发出的声音要大很多。

红毛窃蠹

生活在地下的蝼（lóu）蛄（gū）也有手段让自己发出的声音更加响亮。它会挖出一个喇叭状的洞口，这样在洞穴中就可以发出异常洪亮的声音，这和把扬声器放在碗中可以增大音量一样。

发出声音对这些昆虫而言非常重要，而能够准确地听到这些声音也同样重要。许多昆虫演化出了类似"耳朵"的器官，对捕食者和同类的声音极其敏感。螽斯的腿上就长着"耳朵"，而草蛉的"耳朵"则长在翅膀上！蚊子利用触角来听声，螳螂的胸部中间也长了"耳朵"。

蚊子

草蛉

螽斯

螳螂

灯蛾

蝼蛄

对于灯蛾来说，拥有好的听力也是极其重要的。它演化出来的"耳朵"可以帮助它躲避最大的天敌——大棕蝠。当听到大棕蝠的声音后，灯蛾会释放出高频的嘀嗒声。于是，大棕蝠利用"声呐"捕捉声音"看"猎物的时候，就会被迷惑，从而错过了一顿美食。

虽然在我们看来，昆虫的世界比我们生活的世界安静许多，
但实际上昆虫的世界也是十分喧闹的。

有8条腿的一定是蜘蛛

如果你在卫生间里发现了一只到处乱跑的8条腿的小生物，那么它大概率属于蛛形纲，而且很有可能是蜘蛛。世界上已知的蜘蛛大约有45000种，占据了蛛形纲的半壁江山。但是我们也要知道，蛛形纲下还有许多不是蜘蛛的8条腿的小动物。

杰氏棒尾蝎

蝎子是蛛形纲下最著名的非蜘蛛动物。这些有毒的动物生活在干旱的地区，利用螯肢和螯针去伏击猎物。

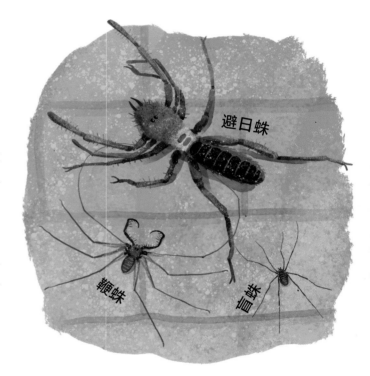

避日蛛

鞭蛛

盲蛛

盲蛛不是蜘蛛，它是一类体形较小的动物，它的头胸部和腹部没有明显的分隔，看起来像一个整体。除此以外，盲蛛只有一对单眼，长在扁平的头胸部上。

鞭蛛不像蜘蛛那样会吐丝，尽管它外表可怕，但不会喷射毒液。和**避日蛛**（避日蛛也不是蜘蛛）类似，它们实际上只用后面三对足行走，前面的一对足是用来感知前方道路的。它们还有帮助捕捉食物和辅助进食的附肢。

一种螯伪蝎

伪蝎和蝎子的外形相似，体形却小了很多。一些种类的**螯伪蝎**，会钩在苍蝇等昆虫的身上"搭便车"，进入人类的家里，以其他蛛形动物为食。

蠕形螨

蜱（pí）虫和**螨（mǎn）虫**都隶属于蜱螨亚纲。由于个体过于微小，我们平时很难发现它们，但其实从布满灰尘的书中到宠物的皮毛上，我们身边到处都有它们的身影。事实上，我们脸上生长毛发的毛孔深处，就至少是两种**蠕形螨**的家！

虫子真相

前面我们介绍了许多8条腿的蛛形动物，但其实还有一类8条腿的动物，它们不属于节肢动物门，而属于缓步动物门，那就是**水熊虫**。水熊虫是一类十分可爱的微小动物，需要用显微镜才能看到。它生活在苔藓和地衣上，长着8条胖胖的腿，以植物细胞、细菌和其他较小的缓步动物为食。

水熊虫

线性螨

大多数蛛形动物都长着8条腿，但也有一些种类没有这么多条腿，或腿已经退化。

线性螨非常小，大多生活在沙粒之间。为了方便滑入这些微小的空间，它的腿变得很短，身体也拉长成了更像蠕虫的形状。从无腿的爬行动物到短臂的哺乳动物，这种腿变短的现象在许多生活在地下的动物身上都存在。

还有一些螨虫的部分足退化了，仅留下两对。蚴（yòu）螨科的一些雌性螨虫寄生在昆虫身上，在成年后所有的足都退化了。（当然也有一些螨虫演化出了华丽的后足，例如**毛脚赤螨**。）

尽管大多数动物物种都具有我们认为合理的形态，但自然的演化往往会有一些出人意料的结果，一些物种居然变成了我们意想不到的怪模样。

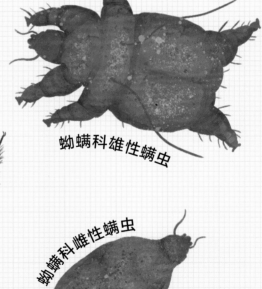

蚴螨科雄性螨虫

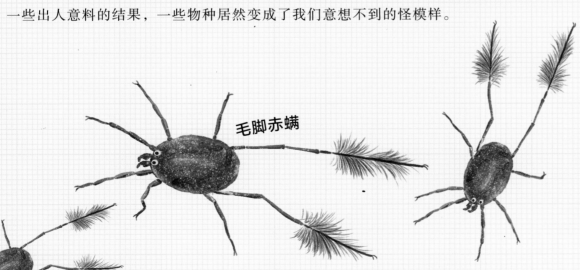

毛脚赤螨

蚴螨科雌性螨虫

下次如果你在卫生间里看到了8条腿的小动物，你就应该知道，尽管它**是蜘蛛的可能性极大，但也不一定是蜘蛛。**

37

所有的蜘蛛都靠织网捕捉猎物

在捕捉苍蝇、蛾子以及其他小动物时，蜘蛛网可谓是极好的武器。
构成蜘蛛网的丝极其坚韧，外面覆盖着一层黏稠的胶状物质，这种物质
可以牢牢地"抓"住不幸飞来的受害者。除此以外，蜘蛛网上的静电还能主动
将昆虫吸引过来！但并不是所有的蜘蛛都是通过蜘蛛网来捕捉猎物的……

秋麒麟蟹蛛

有一些蟹蛛，例如秋麒麟蟹蛛，是非常优秀的伪装者。它常常在猎物可能出现的地方（例如充满花蜜的花朵中心）静静等待猎物上门。

猫蛛

还有一些蜘蛛，例如猫蛛，也捕猎造访花朵的昆虫。它的8只眼睛在头顶上形成一个圆圈，这样的构造让它可以看到从各个方向而来的猎物。

卡罗莱纳狼蛛

狼蛛，例如体长3厘米的卡罗莱纳狼蛛，从来不等猎物上门，而是选择主动出击搜寻猎物。

蓝脸跳蛛

跳蛛有大约5000种，其中包括蓝脸跳蛛，也是单独行动的捕食者，像狼蛛和猫蛛一样依靠出色的3D视觉捕捉猎物。

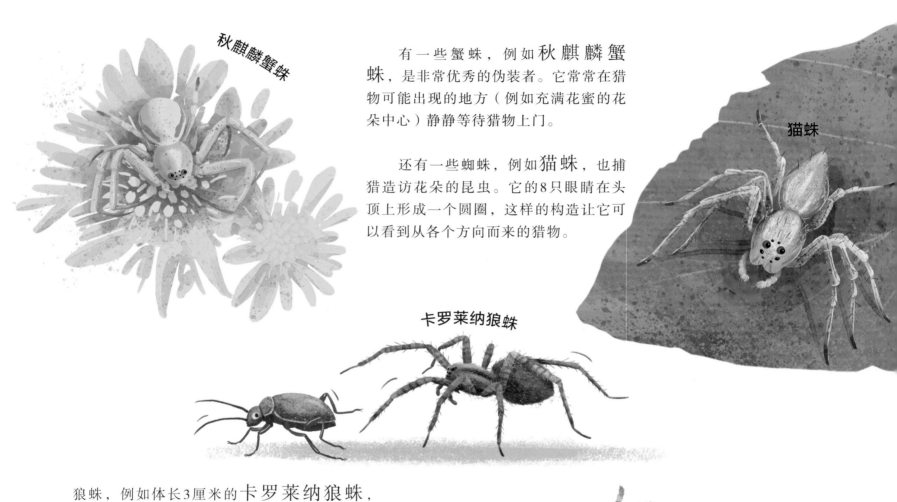

花皮蛛

和靠尾部吐丝织网的蜘蛛不同，**花皮蛛**（也被称为"唾蛛""喷液蛛"）从嘴里快速地吐出"之"字形的黏性丝，将猎物完全束缚致死。

尼尔杨活板门蜘蛛

活板门蜘蛛的代表物种为**尼尔杨活板门蜘蛛**（这种蜘蛛以加拿大音乐家尼尔·杨的名字命名）。它利用土壤、植物和丝建造洞门，再用丝线连接洞门，最终制作成可以开合的活板门。平时它就藏在门后，一旦感觉到猎物在门附近行走的动静，就会立刻扑向毫无防备的猎物。

安地列斯粉红趾捕鸟蛛

世界上有约1000种捕鸟蛛，以**安地列斯粉红趾捕鸟蛛**为例，它和普通蜘蛛一样也会结网，但它结的网呈漏斗状，可以用于生活，类似于自制的吊床。它靠自己又大又硬的尖牙刺穿节肢动物的外壳，也会捕猎一些小型啮齿动物和鸟类。

流星锤蜘蛛会捕捉飞蛾，但并不是用结网的方式。它会制作出一条末端有黏性小球（"流星锤"）的丝线，在半空中投掷这样的小球来粘住飞蛾。

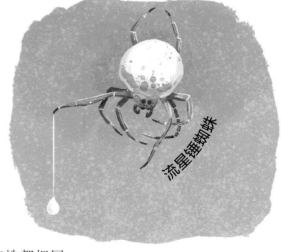

流星锤蜘蛛

水蛛

在会结网的蜘蛛中，也不是所有的蜘蛛都把网用来捕猎。**水蛛**是少数几乎能完全生活在水下的蜘蛛，它将气泡搬运到水下，利用网来收集空气，以便于呼吸，就像潜水员背着氧气罐。

有许多人认为蜘蛛都是结网捕猎的，但在世界上已知的蜘蛛种类中，只有约一半用这种方式捕捉猎物。尽管能吐丝是蜘蛛的普遍特征，但蜘蛛捕猎的方式却是千奇百怪的。

假寡妇蜘蛛和幽灵蛛
能置人于死地

错误！

有些人说，**幽灵蛛**的毒性大到能毒死一个人。且不论它是否真的能刺破
人的皮肤，仅凭它的毒液量，也完全不能置人于死地。

事实上幽灵蛛的确能刺破人类的皮肤，但是只有在显微镜下才
能看到伤口，因为幽灵蛛的尖牙还不足0.5毫米长。至于它的毒液，
对于人来说，这样的毒液量跟没有差不多。

假寡妇蜘蛛出现在城区里，时常会引起骚乱。它的外形和
澳大利亚著名的**黑寡妇蜘蛛**（一种有剧毒的蜘蛛）相似，但毒
性没有那么强。如果你真的惹恼了一只假寡妇蜘蛛，你可能会被它
叮咬，痛感和被蜜蜂蜇一下差不多，仅此而已。

黑寡妇蜘蛛

假寡妇蜘蛛

幽灵蛛

有些昆虫的可怕的名字可能会
让人们对它们敬而远之。"杀人大
黄蜂"可能会让你害怕，但如果告
诉你它的另一个名字——金环胡
蜂（又称亚洲巨蜂）呢？金环胡蜂
的个头很大，它甚至能刺穿养蜂人
的防蜂服。但事实上金环胡蜂比它
那些黄黑相间的"亲戚"们脾气好
多了，只要不故意去惹恼它，其危
险性并不高。

金环胡蜂

虫子真相

幽灵蛛也被称为长脚蛛，
在英文中被称为"daddy-long-
legs"（中文直译为"长腿叔
叔"）。在日常生活中，许多
人也会把蜘蛛、盲蛛甚至大蚊
称为"daddy-long-legs"，它
们都是对人完全无害的。

一些动物为了保护自己，会演化出一些吓人的外表让其他生物不敢靠近。有些昆虫会模仿其他有毒昆虫的外形（被称作拟态），愚弄鸟类、蜥蜴等捕食者，从它们的口中逃脱。

拟瓢蠊

菲律宾有一种蟑螂——拟瓢蠊（lián）的外表和我们常见的瓢虫十分相近。通过拟态成瓢虫，这种蟑螂成功地让捕食者在吃掉它之前思虑再三（瓢虫会分泌有毒的化学防御物质，许多捕食者不喜欢吃它）。

瓢虫

有一种**非洲凤蝶**的雌蝶有多种外形，但都是拟态成有毒的蝶类，尽管它并没有毒。

非洲凤蝶

蜜蜂和胡蜂身上黑黄相间的条纹，就是在警告捕食者自己身上的毒性。这样的警戒色也被很多无毒的昆虫利用。**杨大透翅蛾**完美地拟态了大胡蜂，其外形不仅迷惑了捕食者，也迷惑了不少没有见过它的人。

杨大透翅蛾

当然，这个世界上也有许多危险的小动物（如果你到了北美洲，一定不要踩到收获蚁或是摸到鞍背刺蛾的幼虫！），但也不要因为个别的生物有毒就产生恐惧。这个世界上只有极少的节肢动物是对人有危害的，而且在虫子们的眼里，我们才是那些可怕的"巨人"，它们可比我们害怕得多呢！

蟑螂是杀不死的

错误！

现在还生活在地球上的蟑螂超过4500种，但提到蟑螂，大家总会想到家里那些不请自来，甚至偷吃食物的不速之客。在大多数生物难以生存的各类极端环境中，蟑螂的身影却总是被发现，这也给许多人留下了蟑螂非常"皮实"的印象，甚至有人认为蟑螂是能永生的。

蟑螂并非无坚不摧，但要消灭它们确实是一件难事。有些蟑螂能在不吃不喝的情况下存活超过1个月；当它们掉进水中时，也能依靠游泳保住性命。日本大蠊的若虫甚至能在0℃以下的极寒环境中生存。

但蟑螂能成为如此成功的生物并不是因为它们非常"皮实"，而是缘于它们极其强大的生殖能力。

蟑螂能在很短的时间内产下大量的卵，因此在经历火灾或其他灾难后，即使只留下很少的"幸存者"，它们依然能迅速繁殖并以极快的速度形成巨大的种群。这样强大的繁殖能力让蟑螂从各种突发的灾难事件中迅速恢复过来，也给人们造成了它们能在任何条件下生存的假象。

尽管蟑螂的生命力十分顽强，它们也不能克服外界环境带来的所有困难。事实上，对于昆虫来说，这个世界上的许多事情都足以让它们为生存而感到烦恼——如果它们能理解这些的话。

有研究称，全球超过40%的昆虫物种个体总数正在逐年下降，三分之一的昆虫物种处于濒危状态。全世界范围内普遍存在这样的状况，如在英国乡村蝴蝶正在不断减少，以及在美国部分地区熊蜂已经消失。而这些都与人类的活动脱不了干系。

昆虫需要合适的生存环境进行觅食、求偶以及筑巢，而这些自然环境正在被人类大肆改造。

许多的自然环境正在被农田取代，而农田里的植物种类与自然环境中的相比是非常单一的。植物种类变少了，与之有共生关系的昆虫种类自然也就跟着变少了。除了植物种类的单一化，杀虫剂的滥用也是昆虫减少的重要原因。杀虫剂本来是用于防治有害生物，保护为人类提供粮食和燃料的植物的，但同时也杀死了很多无害的昆虫。

气候的变化对许多昆虫而言也是重大的打击，反常的天气会改变一些物种在一年之中大量出现的时间。当它们大量出现而对应的食物却没有出现时，环境就变得不再适合它们生存。

在过去地球发生的5次生物大灭绝事件中，昆虫都幸存了下来，如今它们却因为一种生物——那就是人类，遭受着前所未有的生存压力。但我们是可以做出改变的！通过保护昆虫的栖息地，对农田中的野花野草更加宽容，放慢影响气候变化的脚步，我们就能让昆虫长期与我们做伴。

我们每个人都可以为保护昆虫做出自己的小小努力，因为这个世界上没有一种昆虫是真正无坚不摧的，即使是最坚硬的**铁锭**（dìng）**幽甲**。铁锭幽甲拥有世界上最硬的外骨骼，一对坚硬的鞘翅能让它抵挡各种动物的踩踏，甚至汽车的碾压也奈何不了它。

昆虫只生活在温暖的地方

错误！

在过去的35亿年里，地球上演化出了数百万种无脊椎动物，其中只有一小部分成了真正的陆生动物，大多数甲壳动物和其他无脊椎动物都还生活在水中。

尽管我们能在地球上几乎所有的生境发现昆虫的身影，但是昆虫作为变温动物，通常被限制在温暖的地区以及一年中温暖的季节生存。当然也有一些具有"冒险精神"的昆虫，它们找到了独特的生存法则，得以在极端的生境中生存。

北极星熊蜂

伊莎贝拉灯蛾幼虫

伊莎贝拉灯蛾的幼虫是一种棕黑相间的、毛茸茸的小虫子，在北极圈里有它的身影。这种幼虫只有在冬天到来之前才会孵化，然后在寒冷的天气中被冻成"冰柱子"，等到来年天气转暖了再解冻出来活动。

伊莎贝拉灯蛾

蛩（qióng）蠊是一类没有翅膀的昆虫，比如来自韩国的五台山蛩蠊，有点儿像更瘦一些的白蚁。它十分隐秘，鲜少有人见过，只能生活在10℃以下的冰川边缘。

蛩蠊

弹尾虫不是昆虫，但也属于小型无脊椎动物。弹尾虫在0℃以下的雪地里依然可以安逸地生活，这多亏了它体内的一种防冻的化学物质，帮助它免于变成冰块。

弹尾虫

雪大蚊

不是只有在地面爬行的昆虫才能在寒冷的气候中生存，北极星熊蜂和北极杜鹃熊蜂也能够成功地生活在北极圈。它们靠的是毛茸茸的"外衣"以及极其舒适的隔温巢穴，保证自己的体温不至于太低——这也是哺乳动物常常使用的保暖手段。

这种没有翅膀的雪大蚊生活在北半球，冬天能在冰雪上行走。即使是在温度低至-10℃的极端天气下，它也能存活下来。

在温暖的热带地区，你能够看到极其丰富的昆虫种类，但这并不意味着在寒冷的地区就没有昆虫生活的痕迹。

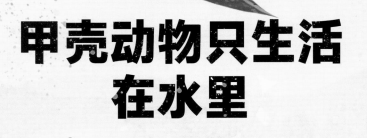

甲壳动物只生活在水里

甲壳动物是昆虫的"近亲"，这些水生的节肢动物分布在全世界的海洋和河流中，外形和行为都有极高的多样性。从微小的桡足动物到巨大的等足类动物，再到寄生在鲸身上的鲸虱，都是甲壳动物的成员。

尽管人们常将甲壳动物理解为海中的昆虫，但事实上在约50000种甲壳动物中，有大约3%生活在陆地上。

肿须蟹

有一些螃蟹，例如**肿须蟹**，就生活在东南亚的一些树上。尽管它生活的这些地方很高，但是依然十分潮湿。

角眼沙蟹

纠结南方招潮蟹

还有一些螃蟹，例如**纠结南方招潮蟹**和**角眼沙蟹**，属于半陆生动物。它们生活在红树林等地方，平时大部分时间在陆地上度过，但生活的陆地和水紧密相连。

46

椰子蟹

螃蟹不能完全离开水生活的一个重要原因是它需要在水边产卵。**椰子蟹**是一种巨大的寄居蟹，也可能是最适应陆地生活的一种螃蟹。如果把椰子蟹放在水里太长时间，它甚至会被淹死！即便如此，雌性椰子蟹依然选择将卵产在水边，孵化成功的小椰子蟹会在水里自由游动3~4周的时间，然后才上岸。

限制螃蟹完全生活在陆地的还有它靠鳃获得氧气的呼吸方式。鳃在水中可以完美地发挥作用，因为需要一直保持湿润的状态。为了保持呼吸顺畅，螃蟹只能隔一段时间就回到水中。

为了解决呼吸的问题，端足类动物（一类小型的甲壳动物）选择生活在潮湿但不是完全湿润的环境中。当天气过于炎热时，**钩虾**会从干燥的环境转移到潮湿的环境，有时候数百只钩虾会一起出动寻找适合的环境。

钩虾

潮虫

端足类动物和另一类甲壳动物——等足类动物能够生活在陆地上的另一个诀窍就是"育儿袋"。它们不需要回到水中繁殖，而是将卵放在雌性身体下面的"育儿袋"中，与袋鼠和其他有袋类动物相似。

那么，我们去哪里可以找到等足类动物呢？其实它们十分常见。如果你随意地搬开一块石头或木头，跑出来的那些圆圆的、长得像坦克一样的小家伙名叫**潮虫**，又名西瓜虫——它属于甲壳动物。虽然看着像马陆、甲虫或者其他什么虫子，但其实它和螃蟹、龙虾等动物的亲缘关系更近。

蚕宝宝的茧里能孵出蝴蝶

错误！

你也许曾经见过或者养过蚕宝宝，在蚕宝宝化成蛹后，你是否期待过有蝴蝶从里面飞出来呢？事实上，蝴蝶可不是从蚕蛹里飞出来的！

蚕蛹外面的壳称为茧，是**蚕蛾**在进入蛹期之前，为自己制作的一个保护性的外壳。蚕蛾的茧是用蚕丝做成的，而像**蓑蛾**等昆虫，也会利用小树枝、土壤和树叶制作自己的茧。

和蚕蛾不同，蝴蝶不会为自己编织精巧的茧。相反，在从毛毛虫变为蝴蝶的中间阶段，它自身的外表皮变得坚硬起来，化为了蛹。

蓑蛾

帝王斑蝶

瓢虫幼虫

昆虫从幼年到成年的过程是十分有趣的。其中一种最令人惊叹的发育方式被称为**全变态发育**（指的是幼虫阶段的形态和成虫阶段的形态完全不同），有超过80％的昆虫属于全变态发育。蝴蝶、甲虫、蚂蚁还有蝇类的生命的第一个阶段都是幼虫阶段。在这个阶段，它们通常都是长条状的"进食机器"，这和它们成虫阶段的外形完全不同。（当然，还是有许多幼虫长得十分奇特，例如**瓢虫**的幼虫。）

这样的发育方式十分巧妙，因为这意味着昆虫可以在不同的阶段利用两种外形完成截然不同的工作。在幼虫时期，它们最重要的事情就是吃和长大；而成年以后，它们则变成了一流的"飞行家"，这有助于它们躲避捕食者和寻找配偶繁衍后代。

叶甲的预蛹

背着粪便的叶甲幼虫

一些**叶甲**的蛹期外壳是用自己的粪便做成的。

现在我们已经知道了什么是全变态昆虫，接下来就让我们来看看一些不经过蛹期发育的昆虫。

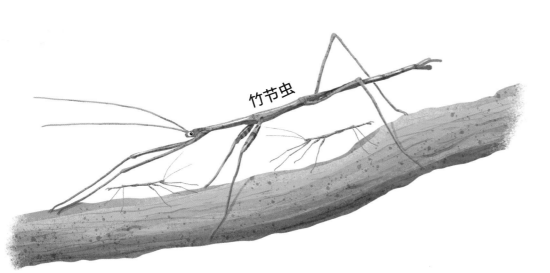

竹节虫

不完全变态发育（指的是外形逐步发生变化）是一小部分昆虫的发育方式，例如蝗虫、竹节虫、蜻蜓、椿象等。从卵中孵化出来后，这些昆虫没有幼虫时期，而是一出来就像是"迷你版"的成虫（看起来非常可爱）。在这个时期，它们被称为若虫。经过一次又一次脱去外骨骼，若虫逐渐长大，朝成虫的样子靠拢。

一些时候，若虫生活在与成虫完全不同的栖息地（**豆娘**的幼期就在水中度过，被称作稚虫），在经历了最后一次蜕皮长出翅膀（如果成虫有翅膀的话）后，就做好了加入这个世界的准备。

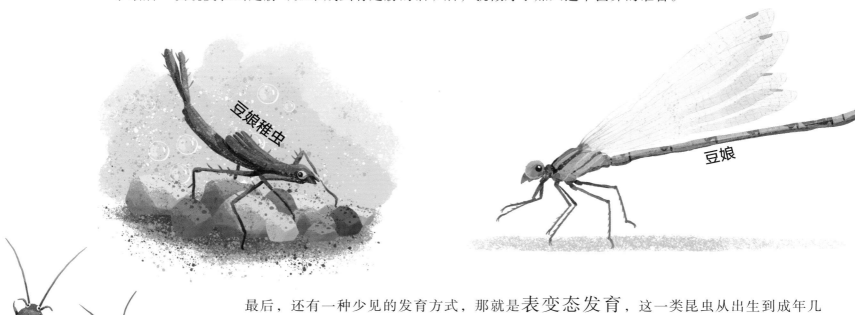

豆娘稚虫

豆娘

最后，还有一种少见的发育方式，那就是**表变态发育**，这一类昆虫从出生到成年几乎没有外形的差异，只是从小变大。**衣鱼**一生蜕皮多达60次，但它的外形几乎没有改变，这就是典型的表变态昆虫。

衣鱼

如果你下次再听到有人说"蚕宝宝化茧成蝶"之类的言论，你应该知道怎么去反驳他们了！

蝴蝶是十分脆弱的动物

错误！

蝴蝶的外形给人们留下了其柔弱的印象：它扑扇着纤薄的翅膀，被风吹得飘来飘去，还要时时刻刻小心别被捕食者吃掉……而事实上，蝴蝶中的许多成员相当强悍！

许多蝴蝶的身上都有一种超级秘密武器——毒素。让自己变得有毒的一种方法就是吃有毒的食物，然后将毒素留在体内，**帝王斑蝶**就是这样做的。它以有毒的马利筋植株为食，并将毒素储存在自己体内。

帝王斑蝶

分布在印度尼西亚的**歌利亚鸟翼凤蝶**同样具有毒性，它身上黄绿色的花纹被周围的黑色映衬得格外显眼。这是动物之间的暗号，它在警告捕食者："不要吃我，否则你会后悔的！"

歌利亚鸟翼凤蝶

小红蛱蝶

而那些没有毒性的蝴蝶，往往是高速飞行的冠军。一些飞行速度较快的蝴蝶，例如**弄蝶**，最高速度能超过45千米每小时，它可不像我们想象的那样，只是随风飘动。

弄蝶

还有一些蝴蝶，外表柔弱，却能在不可思议的长途旅行中生存下来。**小红蛱（jiá）蝶**是一种神奇的昆虫，它的迁徙路线长达数千甚至上万千米，从北非和中亚直到北极圈。它在距离地面500米的高空飞行，大约需要六代的蝴蝶进行接力，才能完成约14500千米的旅行。

不是只有成年的蝴蝶才有这些秘密武器，幼年的毛毛虫们也有非常厉害的防御方式。在蝴蝶的近亲——蛾子中更是如此。

许多毛毛虫有着毛茸茸的可爱外表，但实际上这些绒毛是由数百根有毒的刺毛组成的。人仅仅是轻轻抚摸一下**山核桃灯蛾幼虫**的毛，皮肤上就会长出非常难看的疹（zhěn）子。

山核桃灯蛾幼虫

绒蛾幼虫

绒蛾幼虫俗称猫毛虫，毒性比山核桃灯蛾幼虫更强。它毛茸茸的毛发下面隐藏着许多毒刺，一旦蜇到人的手臂，就能让人感觉恶心、呕吐甚至腹痛。

防御舟蛾幼虫

果园美凤蝶幼虫

一些毛毛虫使用出奇制胜的办法对捕食者予以警告。**果园美凤蝶**的幼虫将自己伪装成鸟粪，如果有一些动物还是把它当成美味的零食，它就会伸出一对鲜红色的、臭烘烘的"角"吓跑这些捕食者。

一些蛾子的幼虫，例如**防御舟蛾幼虫**，会喷射酸性的雾状物质驱赶捕食者。

果园美凤蝶

从长途飞行冠军到喷射酸雾的毛毛虫，蝴蝶和蛾子比我们想象的还要厉害。

所有的昆虫都会产卵

许多人都见过虫卵粘在叶子上或者茎的一侧的样子，有时候在一些隐蔽的小洞里也有虫卵的痕迹，这是因为绝大多数昆虫都靠产卵来延续后代。

不过，在产卵这件事上一些昆虫也有例外。

首先我们来看看产卵的地方。绝大多数的昆虫会将卵产在树叶下面等阴凉、安全的地方，然而有些拟寄生的蜂类，如某些小蜂，把它们的卵产在其他昆虫的体内。它们将长管状的产卵器刺进可怜的寄主体内并产卵，卵孵化后，幼虫就会在寄主的体内以寄主为食。

毛毛虫

小蜂

太平洋甲蠊

还有一些昆虫，例如**太平洋甲蠊**（一种蟑螂），根本就不产卵。它的卵在体内孵化，待到孵化成功后，它再"生下"这些若虫，用一种名为"蟑螂奶"的高营养蛋白质结晶体喂养若虫长大。

一些蝇类也选择在体内孵化下一代，例如**采采蝇**。这些蝇的幼虫在"出生"后，身体的外部已经有了一层坚硬的蛹壳，它们会以这个形态生活到羽化为成虫时。

采采蝇

一些昆虫的雌性个体，例如印度尼西亚的**黄伞竹节虫**，就不需要和雄性交配，直接进行无性繁殖，生出自己的克隆体。

黄伞竹节虫

花园中常见的害虫——**蚜虫**，也能通过无性繁殖产下后代。更令人感到惊奇的是，这些"小蚜虫"在出生的时候，它们的身体里已经有了下一代的克隆体，而且这些克隆体在一段时间后就会出生。

蚜虫

蠼螋

许多人认为昆虫是一类不会育儿的动物，它们产下卵就不管了。其实有一些昆虫是非常尽责的父母。雌性**蠼螋**对自己的宝宝可谓是极其上心，它们会细心照料并清洁自己的卵，而在蠼螋宝宝孵化出来后，蠼螋也会喂养若虫并保护它们免于落入捕食者之口。

昆虫是如此庞大的一个家族，因此要找到所有昆虫共同的生存法则几乎是不可能的。在残酷的大自然中，它们演化出了极其丰富的特征，各有各的育儿秘籍也就不足为奇了。

昆虫的建筑才华不如人类

在过去的200多年里，人们建造了无数的高楼大厦以及雄伟的跨海大桥。但你不知道的是，昆虫在很早很早以前，就可以建造出复杂精细的建筑了。

白蚁的巢穴呈土丘状，是白蚁用嚼碎的泥土和粪便做成的。巢穴精巧的内部结构可以保证里面的空气一直保持清新。一个白蚁巢穴的使用寿命能够超过2000年。如果按照人类的衡量标准进行换算，这些巢穴和地球上最高的摩天大楼不相上下。

白蚁

蜜蜂

蜜蜂将卵、幼虫、花粉和花蜜都储存在蜂蜡制成的六边形小室中。蜂蜡是蜜蜂从自己的身体里分泌的，而六边形的外形可以最大限度地节约蜂蜡，同时让每一个小室都能紧紧挨在一起，不浪费空间。

胡蜂

和白蚁类似，胡蜂也使用咀嚼后的材料建造巢穴。通过咀嚼朽木和植物的茎，胡蜂能够制造出一种轻而坚固的纸状材料，用于建造巨大的巢穴。

切叶蚁

这些地上的巢穴令人惊叹，而切叶蚁的地下家园则足以称为昆虫世界中的城市。它们的"城市"围绕着"真菌花园"建造，密密麻麻的道路连接着"垃圾场""食物仓库"，甚至"派出所"！

一些昆虫甚至会用自己的身体建造出种种奇特的建筑！

当成千上万的**行军蚁**遇到一个洞或者一道沟壑时，它们中的一部分会互相紧紧抓住对方并不断伸展，建立起一座"蚂蚁桥"来让剩下的蚂蚁通过。这些"蚂蚁桥"十分精巧，从来不会因为太重而断裂，而行军蚁一天中可以建造起四五座这样的桥。

行军蚁

在蚁后行军需要休息的时候，行军蚁还会搭建"帐篷"供其歇脚。这些"帐篷"和"蚂蚁桥"一样，也是工蚁们用身体搭建起来的，这样的结构能够有效地保护带着幼虫的蚁后。

红火蚁甚至能够自己造"船"，便于在水位上涨时快速离开。年轻的工蚁们会主动承担作为"船"的责任，而剩下的蚂蚁只需要爬到上面去。大多数蚂蚁完全不会接触到水，而蚁后就在"船"的中心，这也是"船"上最干燥、舒适、隐蔽的位置。

红火蚁

在建造东西方面，人类有着无数的奇思妙想，但昆虫建造出这些带有"空调"的"摩天大楼"和"船"的时间，却早于我们数百万年。直到今天，科学家们依然在向昆虫学习如何建造更好、更精巧的建筑。

研究昆虫一定需要花很多钱

在一个实验室里，可能到处都是昂贵的科学仪器。一些科学家需要使用粒子加速器或者超级计算机，而一个昆虫学家想要进行研究，使用的许多工具却并不昂贵。

许多昆虫在晚上会被灯光吸引，如果在一块大大的**集虫布**的前面挂上一盏灯，不一会儿布上就能聚集许多小虫子。还有比这更容易的捉虫之法吗？

吸虫器由两根可弯曲的管子和一个罐子组合而成。通过将一根管子对准昆虫，同时吸另一根管子，可将昆虫吸入罐子中以将其捕捉，我们可以更近距离地观察它们。在吸的那根管子的下部有一个小塑料片做隔断，这样可以避免把虫子吸到嘴里的惨剧发生。

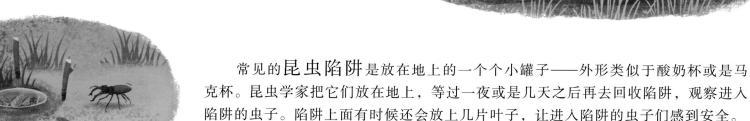

常见的**昆虫陷阱**是放在地上的一个个小罐子——外形类似于酸奶杯或是马克杯。昆虫学家把它们放在地上，等过一夜或是几天之后再去回收陷阱，观察进入陷阱的虫子。陷阱上面有时候还会放上几片叶子，让进入陷阱的虫子们感到安全。

手持放大镜就像是一个袖珍的显微镜，昆虫学家研究昆虫离不开它，就像数学家离不开计算器一样。一个优秀的昆虫学家不会缺少好用的手持放大镜。

水生昆虫激流捕捉网是一种用带细孔的纱网制成的捕虫网，适用于在激流中捕虫。

想要在草丛中捕捉昆虫，使用结实的**捕虫网**在自己的周围进行扫网不失为一种好办法。在捕捉到昆虫之后，昆虫学家会把捕虫网翻转一圈，变成像一个盘子的样子，在防止昆虫跑出去的同时便于检查自己的战利品。当然，也有人会把头探进捕虫网里去查看。

电脑和手机让我们在野外记笔记也变得方便，但是在下雨的时候，最好不要使用电子设备。这个时候，一本**防水笔记本**和一支**防水笔**就显得十分重要了。有了它们，你就可以随时记录下自己的发现。

在捉虫的时候，随身带着一个透明的**瓶子**或盒子是十分必要的。这样当你想更加仔细地观察或者将其带到更明亮的地方去时，可以把昆虫放进去。在观察结束后，最好在捕捉昆虫的地方附近放生它们。

昆虫学家把昆虫标本带回实验室后，可能会使用电子显微镜或X射线扫描仪等精密的仪器进行后续的研究，但一个好的科学家肯定不是只依靠这些昂贵的仪器的。许多时候，你只需要一个小瓶子和一本笔记本，就能开启一次美妙的观察之旅。

人类不需要昆虫

昆虫在自然生态系统中发挥着极其重要的作用。首先，昆虫是成千上万种动物的食物；除此以外，一些昆虫以落叶或植物上掉落的其他有机物为食，能够疏松土壤帮助植物生长；还有一些昆虫能吃掉粪便和其他动物的尸体，保证这个世界不至于乱糟糟的。

赤眼蜂

但是，作为人类，我们很难想到昆虫给我们的生活带来什么直接的帮助，尤其是当你在野餐时，旁边的苍蝇围着食物飞来飞去，或是你在夜里两点被蚊子叮咬得睡不着觉时。

在农场中，一些昆虫对保护农作物起到了重要的作用。早在公元前300年，中国农民就学会了利用蚂蚁去控制柠檬树上的害虫。据不完全统计，到了今天，小小的赤眼蜂通过寄生于蛾类害虫，帮助世界各地的农民保护超过1000万公顷的蔬菜、谷物及棉花等作物。

蜣螂

还有一些昆虫，例如这种来自南美洲的蜣螂，帮助清理牛场成堆的粪便，保持牛场的卫生。

铗蠓

蜜蜂是十分重要的传粉者，也最为人们所熟知。除了蜜蜂以外，还有许多其他昆虫，如苍蝇和蛾子，也能够帮助植物繁殖，甚至如果没有它们中的一些成员，有些重要的食物就无法种植和收获。我们常常觉得蠓是令人讨厌的小飞虫，但事实上如果没有铗（jiá）蠓这类小家伙给可可树传粉，世界上就会少了像巧克力这样美味的食物。

几千年来，非洲卡拉哈里沙漠的原住民一直使用**箭毒叶甲幼虫**的毒素来制作箭镖上的毒药，这种毒药在打猎的时候对动物有着致命的毒性。

我们日常生活中的很多衣物、家居用品都使用蚕丝作为原料，这多亏了**蚕**结下的茧。

人类在地球上制造了许多垃圾，而昆虫在垃圾处理方面起了极大的作用。例如**黄粉虫幼虫**会食用聚苯（běn）乙烯（xī）。

一些蚂蚁，例如**红火蚁**和**切叶蚁**，是许多科学家的研究对象，因为它们拥有抗感染的秘诀，如果可以被人类学习，可能会挽救许多人的生命。还有一些昆虫，它们身上的毒液对人们有潜在的药性而不是毒性，科学家正在对其进行研究，试图研制更多的新药。

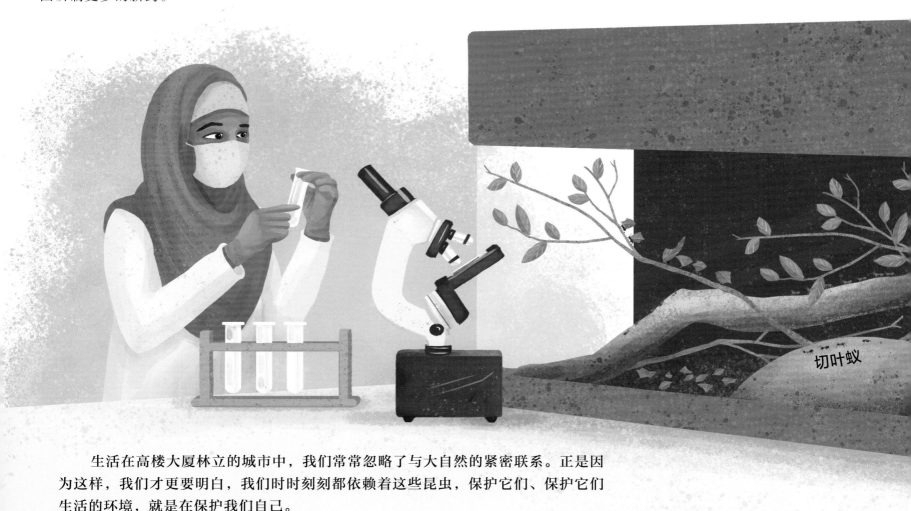

切叶蚁

生活在高楼大厦林立的城市中，我们常常忽略了与大自然的紧密联系。正是因为这样，我们才更要明白，我们时时刻刻都依赖着这些昆虫，保护它们、保护它们生活的环境，就是在保护我们自己。

虫子不需要人类

相信你读完这本书后，已经了解了好多关于虫子的知识，
也足以从种种谣言中分辨出真实的信息了！

许多人对虫子抱着敬而远之的态度。这些小动物可能永远不会像毛茸茸的哺乳动物或长满鳞片的爬行动物那样受人欢迎，甚至还有些人认为它们只是令人毛骨悚然的爬虫（这样的看法带有许多偏见）。

害怕虫子本身并没有什么大不了的，但是当人们回避某件事情时，他们往往不愿意去了解更多信息，这也导致许多虚假的"真相"被传播得越来越广，就像我们在书里看到的这些！不少人认为他们在睡梦中会不小心吃到蜘蛛，认为蜈蚣有100条腿，又或是认为昆虫对人类毫无益处。

在过去的100多年里，人们建造高楼大厦，喷洒化学物质，破坏动物的栖息地，在全世界随意释放入侵物种……这些做法导致了地球上虫子数量的减少，其中一大原因就是人们对虫子不关心和不了解。

只有当你对一件事感兴趣时，你才会发自内心地去关心它。这些虫子现在就很需要你的关心，而且不只是你的关心，你也需要让周围的人去了解、关心它们！

等下次再有人提起这些不正确的知识时，记得告诉他们这些小家伙到底有多么可爱且不可思议吧！

词汇表

本土 物种最初形成的地方。例如，孟加拉虎是印度本土的物种。

标本 指保持实物原样或经过整理，供学习、研究时参考使用的动物、植物、矿物。

捕食者 捕捉并吃掉目标动物的动物。

哺乳动物 体温恒定，采取胎生繁殖，且幼体由母体分泌的乳汁喂养长大的脊椎动物。

超个体 一个由大量有机体组成的有机体系，有着明确的社会分工，且个体无法脱离群体独自长时间生存。

触角 昆虫头部两根细长或羽毛状的须。作为昆虫重要的感觉器官，触角主要起到嗅觉和触觉作用。

传粉 花粉从雄蕊的花药上被传送到雌蕊的柱头上的过程，可以帮助植物产生种子、繁衍后代。这个过程常常由许多动物帮助完成，它们也被称为传粉者。

大陆 地球上的大块陆地地区，例如非洲大陆、南美大陆。

淡水 一般指雨水和融化的雪水的集合，包括河流、湖泊、池塘和水洼中的水等。淡水中的含盐量比海水低。

等足类动物 甲壳动物中的一类，包括鼠妇和其他许多海洋生物。

毒液 生物通过尖牙或其他尖利的身体部位将有毒的物质通过注入或喷射等方式，使其进入其他生物的体内，这种有毒的物质被称为毒液。

腹部 昆虫三个体段中的一个。作为身体的最后一个体段，腹部是昆虫消化食物和繁衍后代的中心。

花粉 植物产生的一种粉末状物质，包含了植物的精子，用于繁衍后代。

花蜜 由植物产生的、用于吸引传粉昆虫的甜味液体。

化石 古代生物的遗体、遗物或遗迹埋藏在地下变成的跟石头一样的东西。

寄生 一种生物依附在另一种生物的体内或体外，并从后者取得养分，维持生活。

节肢动物 无脊椎动物的一门。身体由许多环节构成，一般分为头、胸、腹三部分，表面有壳质的外骨骼保护内部器官，有成对而分节的腿。如蜈蚣、蜘蛛、蜂、蝶、虾、蟹等。

克隆 指生物体通过体细胞进行的无性繁殖，以及由无性繁殖形成基因型完全相同的后代个体。

昆虫学家 以昆虫和与昆虫相近的动物为研究对象的科学家。

猎物 被捕食者捕捉和吃掉的动物。

陆生动物 生活在陆地上的动物。

灭绝 一个物种的最后一个生物体的死亡。

爬行动物 脊椎动物中的一类，现存的爬行动物可分为喙头目、龟鳖目、蜥蜴目、蛇目和鳄目。

气候 某一地区经过多年观察所得到的概括性的气象情况。一般来说，一个地区的气候在很长的时间尺度上都非常相似，常以百万年为单位。

迁徙 动物从一种生境移动到另一种生境的行为，通常是为了躲避寒冷天气或食物短缺的时期。

桡足动物　小型水生甲壳动物，广布于海水、淡水或半咸水中。

肉食性动物　以其他动物为食的动物。

杀虫剂　用于消灭或驱避昆虫和其他虫子的药物。

生境　指生物的个体、种群或群落生活地域的环境，包括必需的生存条件和其他对生物起作用的生态因素，由生物和非生物因子综合形成。

生态系统　指在自然界的一定的空间内，生物与环境构成的统一整体，在这个统一整体中，生物与环境之间相互影响、相互制约，并在一定时期内处于相对稳定的动态平衡状态。

生物　具有动能的生命体，例如一只蚂蚁、一棵白桦树或是一个细菌。

声呐　利用声波遇到障碍物会发生反射的特性，进行目标探测与通信的设备和技术。

树汁　大部分是溶解了矿物质和一些养料的水，存在于活的植物的大部分植株中。

素食主义者　常常用于讨论人类的饮食，指的是只以植物为食的人。

蜕皮　昆虫长大后，脱掉旧的外骨骼的过程。

外骨骼　节肢动物体表坚韧的几丁质骨骼，为生物体柔软的内部器官提供保护和支撑。

物种　生物分类学研究的基本单元。它是一群可以交配并繁衍后代的个体，但与其他生物却不能交配，或交配后产生的后代不能再繁衍。

显微镜　由一个透镜或几个透镜的组合构成的一种光学仪器，用来放大微小物体的影像。

胸部　昆虫三个体段中中间的那一段，位于头部和腹部之间。

演化　一个物种的表征或身体形态在世代之间发生变化。

银河　一个包含我们生活的太阳系的星系。它是横跨天空的一条乳白色光带，由许许多多的恒星构成。

蛹期　在许多昆虫（全变态昆虫）的生活史中，介于幼虫和成虫之间的时期。昆虫在这个阶段不吃不动，躲在厚厚的外皮中，身体内部发生着巨大的变化。

有袋类动物　哺乳动物三大类里的其中一类动物。大多数有袋类动物生活在大洋洲，也有一些生活在美洲。有袋类动物的胎儿在发育的早期就被生下，然后在母体的育儿袋内吸奶长大。

幼体/幼虫　许多无脊椎动物生活史的第一个阶段，外形呈简单的蠕虫或类蠕虫状。

真菌　在生物分类中自成一界，是一大类真核生物。许多真菌以动植物的尸体为食物，能够将尸体降解。包括霉菌、酵母、蕈菌以及人类所熟知的其他菌菇类。

植食性动物　以植物和其他非动物的生物为食的动物。

种群　指在一定时间内占据一定空间的同种生物的所有个体。

索 引